图书在版编目(CIP)数据

巴林异彩 / 陈志军主编. —— 北京 ：文物出版社，
2017.6

ISBN 978-7-5010-5113-7

Ⅰ．①巴… Ⅱ．①陈… Ⅲ．①石－鉴赏－巴林右旗
Ⅳ．①TS933.21

中国版本图书馆CIP数据核字(2017)第129404号

巴林异彩

主　　编：陈志军

策　　划：张玲莉

责任编辑：张小舟

摄　　影：郑　华

撰　　稿：崔　陟

书籍设计：特木热

责任印制：梁秋卉

出版发行：文物出版社

社　　址：北京市东直门内北小街 2 号楼

邮　　编：100007

网　　址：http://www.wenwu.com

邮　　箱：web@wenwu.com

经　　销：新华书店

印　　刷：北京金彩印刷有限公司

开　　本：889×1194　1/16

印　　张：9

版　　次：2017 年 6 月第 1 版

印　　次：2017 年 6 月第 1 次印刷

书　　号：ISBN 978-7-5010-5113-7

定　　价：280.00 元

巴林异彩

罗士泓题

文物出版社

目录 / contents

序一

北疆奇石亦奇珍

　　一说到印石，稍有些常识的人都会脱口而出地说出寿山、青田和昌化三种名石来，甚至还可以说出田黄、封门、鸡血等名贵佳品来。有人曾戏言说天公似乎不太公平，印石都产在福建和浙江，有些偏护南方。还有人顺理成章地讲述了一个美好的神话故事，说当年女娲娘娘补天石剩下一些五色神石，信手撒落下来，于是福建和浙江就有了人人羡慕的瑰宝。我们把这个故事再延续下去，那就是女娲娘娘在南方撒了两把神石，还留下一把撒在了北方。这不是凭空的杜撰，最终有了相当标准的答案，那就是近年来内蒙古巴林石加入到名石的行列中来。也许是后来居上的道理，或者说开发的晚，资源就相对丰富的缘故，巴林石确实是名声大噪，为篆刻家和广大收藏家所青睐。

　　我们的印石其实有个共同的学名叫叶蜡石，只不过我们是按地域来命名的。所谓寿山、青田、昌化，还有巴林，说到底原来是一家。叶蜡石是酸性火山凝灰岩被腐变形成的，质地比较细腻，而且颜色斑斓，花纹美观，还有着半透明的基本属性，因此理所当然地成为艺术家眼里的珍品。不仅篆刻家喜欢，雕刻大师也看中它，于是精美的石雕也随之问世。当然，叶蜡石还有工业上的用途，这不是我们所论的主题。

　　我们还是暂且脱离叶蜡石的身价，把话题回到巴林石上来。也许是常年生长在"风吹草低见牛羊"的北疆，巴林石和寿山石、青田石、昌化石比较起来，似乎显得有些硬

朗的性格，这也许和北方人的习性有关。也正是这个原因，巴林石一旦抛光，就显得更加泽润，色彩的魅力就越发显现出来。用巴林石刻的印章，从骨子里也就有一种天生的倔强，就是鲜红的印模也有一股北方的气息。这就使得巴林石在印石的行列中并不显得有一丝的逊色，也渐渐成为印人的明智选择。

说到这里，我们应该感谢成功的企业家陈志军先生。他在事业成功后，没有迷金醉纸，而是把目光投到艺术上来。从这点来说，他是智者，十足的成功者。他不仅收藏巴林石的珍品，还把矿脉纳入到自己的思想境界之中。这对于他来说，不仅仅是收藏了一种名石，而是继承、保护并传承了一种文化。如果我们把目光放到更远的地方，就会给他做出功不可没的评价。

我相信，他不会是一时的头脑发热，而是有着深邃长远的目光。可以说陈总拥有了一笔财富。我们可以这样说，这笔财富属于个人，更属于整个民族。历来无数的事例告诉我们，民族文化的传承，正是有赖于陈总这样的有志之士，他们的目光和襟怀决定了他们的举止。如此规模的收藏，对巴林石，对于国家的文化事业来说都是一件莫大的幸事。

我们相信也期待着用不了多久，堪称瑰宝的巴林石，在陈总的手中放射出更加奇异和充满魅力的光彩。

籍士澍

丁酉年二月初二日于京华

序二

当年拚却醉颜红
——浅析巴林石的色彩

　　说到颜色，人们常常有五颜六色的说法，专业人士更爱说"三原色"、"三间色"之类。不管怎么说，一切色彩都来源于生活。我们在自然界都看到一种现象，就是色彩往往随着时间或环境的改变，而变幻着色调。比如植物的叶子，刚发芽的时候大多是绿色，尽管深浅有所不同。但是，随着秋霜的降临，红、黄、紫、褐……色彩就展现出来。画家、诗人、摄影家……一切和艺术有关的人都来了灵感，用不同的手法去体味，去再现；还有无数生活的粉丝也把满腔的激情投入到多彩的世界里。变幻的色彩的的确确给我们带来无穷的乐趣，让我们享受不尽。

　　世界上的事往往带有两重性，自然界里也有色彩一成不变者，可以说是一种稳重和坚毅。这种不变也给我们带来喜悦和青睐，有时对其爱好甚至超过色彩的变幻，因为它具有一种属性，那便是永恒。有些东西一旦有了颜色，就不会改变，甚至也不褪色。这种坚毅和执着也得到人们的钟爱，而且更加强烈。比如石头就是这样，那些单调的、黯淡的就成了建材，虽然不显赫但是也有了实实在在的用途。那些斑斓的、闪亮的就登了大雅之堂。印石，或者说巴林石就是后者。

　　我看了内蒙古陈志军老总收藏的巴林石，可谓大开眼界，之所以吸引我眼球的不是那些名贵的品种，是因为它奇异的色彩。看着、看着，我忽然有了一种想法，那就是在叶蜡石里，巴林石和昌化石一定是近亲。这样说的理由是因为它们都有着鲜红、鲜红的

色彩，换言之都有着人人青睐的鸡血石。鸡血石，顾名思义，是以红取胜。巴林石的"血"，好就好在红出了层次，红出了韵味。这不是一般的红，深浅不一，暂且不说，加之和其他颜色的接触、融合，最终构成了一个个全新的境界。每一款红色基调的巴林石，都是天然而成一幅充满诗情画意的杰作。说到诗字，马上又使人联想到古诗词里关于色彩特别是红色的经典语句。真想不到，艺术来源于生活，而自然又归于艺术，如此循环往复，相得益彰，越发的精神抖擞。这也许就是大自然生生不息，艺术家灵感不断的最佳答案。

看到一款淡红色为基调的巴林石，我马上想起一首宋代词人晏几道的《鹧鸪天》来，不管全词的原意在何处，但是前四句却让我和这款石头联系在一起。词是这样写的："彩袖殷勤捧玉钟，当年拚却醉颜红。舞低杨柳楼心月，歌尽桃花扇底风。"石面上那淡淡的红晕，不正是美人的醉颜吗？可以说，没有再确切、再形象的修辞手法了；换言之，这款巴林石的色彩也只有美人的醉颜可以取代，别无选择。

还有一款巴林石红得像火似血，让人几乎看得热血沸腾。"日射血珠将滴地，风翻火焰欲烧人"唐代诗人白居易《山石榴寄元九》的句子，自然会悄然涌上心头。难怪主人命名为"熊熊烈火"。这充满激情的"血珠"、"火焰"和"醉颜"自然不同，真是各得其妙，而且妙不可言。

当然，巴林石的色彩不仅仅是单纯的红色，还有多种，更多的色彩，更多的层次，给我们无穷的想象，也给我们无尽的遐思。石头色彩的形成本是十足的天意，醉人的诗句本是才子灵感的结晶，二者的近乎完美的相融。也许是情愫所致，每一款石头几乎都可以找到与之相对应的诗词，这不是偶然巧合，而是天意所为。

最后要说一句最为平常也是最为质朴的话，那就是：一定要感谢自然，感谢生活！

崔陟

丁酉年三月春分日于归燕堂

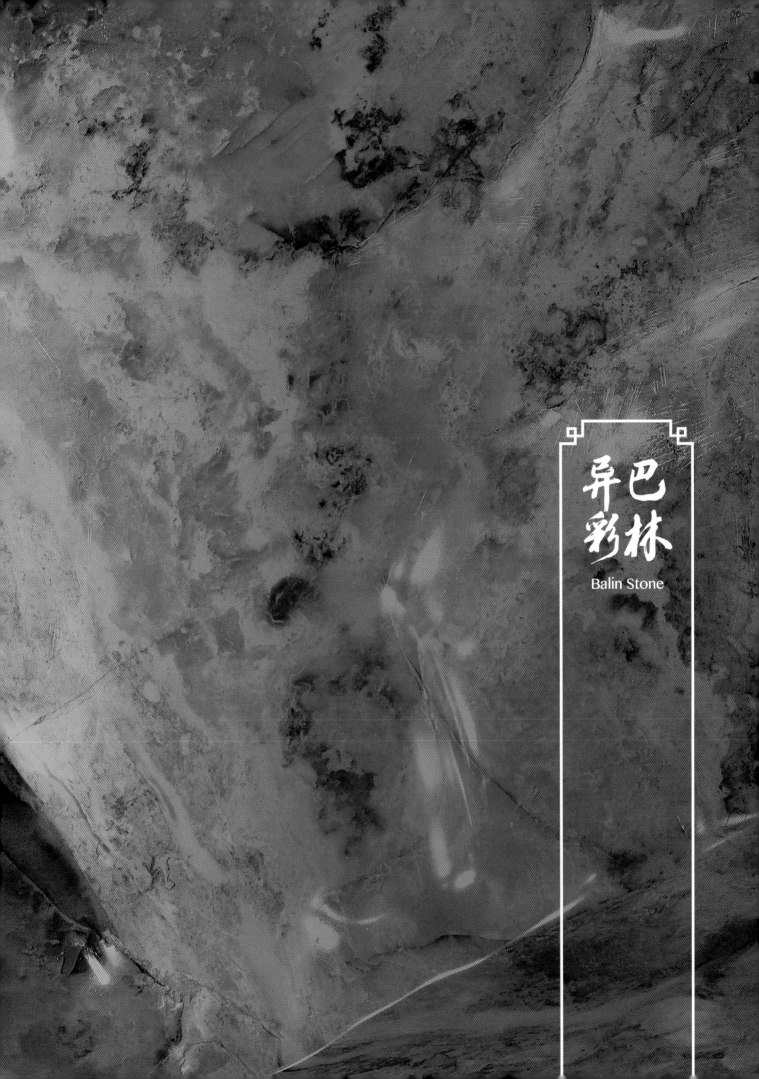

巴林
异彩
Balin Stone

001 **鸡血石王**

自然形
巴林石鸡血石
51×34.7×27.4 厘米

◎ 此款石料红黑两色巧妙交融相互渗透，彼此映衬，显得与众不同。从色泽、纹理、质地、血色各个方面看都是无可挑剔，显示出一派不可取代的王者风度。仔细看丝丝缕缕的红色似乎在不停地流淌，真像是火山爆发后那炽热的岩浆迫不及待地流将出来。这似乎是唐代诗人岑参描写火山的诗句：「火山突兀赤亭口，火山五月火云厚。火云满山凝未开，飞鸟千里不敢来。」

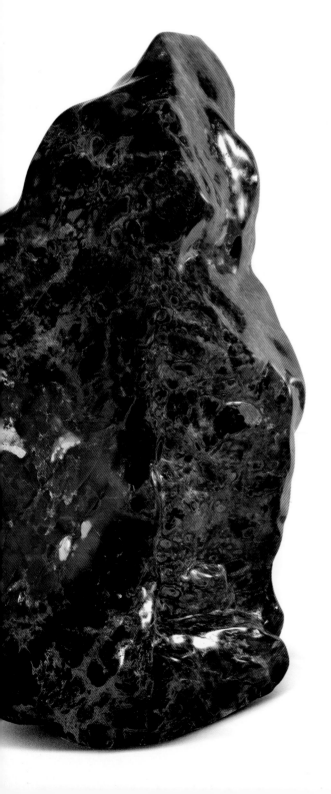

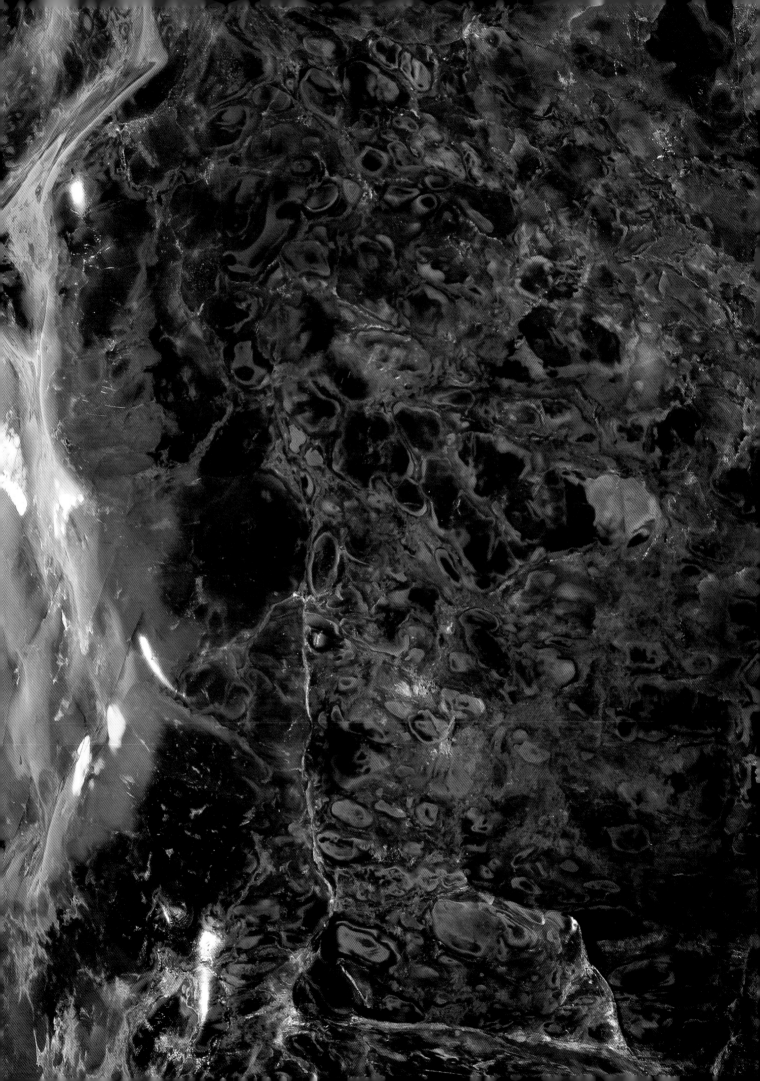

◎ 此款真是巴林精品，只见天公渲染的红色仿佛是冲天直上的火焰，顷刻间映红天宇，给人以无限的激情；又似鲜红的血液，显示着无比旺盛的生命。观之，平添勇气，斗添壮志。情不自禁地吟起唐代诗人白居易对石榴花的吟咏：「日射血珠将滴地，风翻火焰欲烧人。」一花一石，也是异曲同工。精工巧匠也不忍奏刀，保持名石的原有风貌，难能可贵。

002 **熊熊火焰**

自然形
巴林石鸡血石
29.2×17×6.8 厘米

醉颜红晕

自然形
巴林石鸡血石
10.6×14.5×7.5 厘米

◎ 本是精品瓜瓤红，却使人想到美人饮酒微醺的容颜。花未全开，酒在半薰，真是恰到好处。「度」在这里掌握的非常巧妙，可谓天衣无缝。宋代词人晏几道莫非早在近千年之前就有预感，在《鹧鸪天》里写下「彩袖殷勤捧玉钟，当年拚却醉颜红」的吟唱，以期待名石面世？是缘分，绝非偶然；是机缘，亦是巧合。

◎一抹淡淡水草红，映出无限夕阳景。近端的枝条摇曳，仿佛是对远行人的留恋。正所谓路遥遥，人影空，只有暮云在长天中默默无语。宋代文豪苏轼的「天涯倦客，山中归路」，「古今如梦，何曾梦觉」正是此中意境？观名石如同读好诗，最妙之处，就是给人留下无穷的回味。

004 暮色长天

自然形
巴林石鸡血石水草
14.2×4.2×16 厘米

云中望日

自然形
巴林石鸡血石鱼籽红
13×11×9 厘米

◎鱼籽红本是难得一见的精品，与深沉白的相衬愈加难得，更有几分梦幻般的意蕴，煞是可圈可点。真似云海烟雾之中，一轮红日冉冉升起。草木得之，欣欣向上；志士观之，踌躇满志。唐代诗人刘禹锡在《竹枝词》中的描述，正是眼前此景。「日出三竿春雾消」，给人红色渐增，白将退尽的动感。

006 **落红有情**

自然形
巴林石鸡血石
18×24×5.5 厘米

湘竹滴泪

自然形
巴林石湘竹冻
10.6×12×12.1 厘米

◎ 此款湘竹冻石章，可谓别致有余，不可多见。那石上的斑斑点点，酷似生长湖南等地的湘妃竹。有关湘妃竹的传说由来已久，流传不衰。

晋人张华在《博物志》里写道：「尧之二女，舜之二妃，曰湘夫人。帝崩，二妃啼，以涕泪挥，竹尽斑。」言简意赅，多么凄婉。毛泽东在一首《七律》里也写过「斑竹一枝千滴泪，红霞万朵百重衣」。

008 **桃花鸿运**

自然形
巴林石桃花冻
9.5×5.1×9.2 厘米

◎ 此款随形石看似边角之料，其实也是不可多得者。石上的浅红色好似初放的桃花，又似少女的红晕，红晕与鸿运谐音，因此会深得人们喜爱。桃花往往和春天联系在一起，更给人以希望和憧憬。唐代诗人白居易在《大林寺桃花》里深情地写道：「人间四月芳菲尽，山寺桃花始盛开。」若有此石，当信会有鸿运当头。

大江东去

自然形
巴林石紫云石
115×78×29 厘米

◎此款为金橘红鸡血石，是珍品中之珍品，几缕红丝红线时连时断。连接时一脉相承，断开时，藕断丝连一般呼应。细看则像金鱼戏水，欢快异常。唐代诗人戴叔伦在《兰溪棹歌》中说："凉月如眉挂柳湾，越中山色镜中看。兰溪三月桃花雨，半夜鲤鱼来上滩。"诗境竟然与奇石这般吻合，岂不妙哉！

010 **金鱼戏水**

自然形
巴林石金橘红鸡血石
32.5×11×8 厘米

天赐吉祥

原石图案石
巴林石彩冻石
35×26×10 厘米

◎ 在北京中山公园里有一座从圆明园移建过来的亭子，上书匾额「景自天成」。原意是指人工造景，与天然无异。岂不知在巴林石里也有一个天成之「景」，请看彩冻石里有一个「吉」字乃是大自然的杰作，经一万年书写而成。这真是鬼斧神工，可遇而不可求者。唐代书法家李邕在《登历下古城员外孙新亭》诗中说：「负郭喜粳稻，安时歌吉祥。」对吉祥的期盼，由来已久。

◎在武侠小说里，白眉大侠是妇孺皆知的英雄人物。这组对石巧妙利用天然花纹的对称，形成白眉大侠的面容。这是天然，也有人意，正因如此也更富有非同一般的情趣。大侠武功盖世，此石也就平添了几分英气。唐代大诗人李白也曾练过剑术，并作有《侠客行》，对侠客给以很高的评价：「事了拂衣去，深藏身与名。」

012　**白眉大侠**

图案石
巴林石彩石
24.5×28.3×3.6 厘米

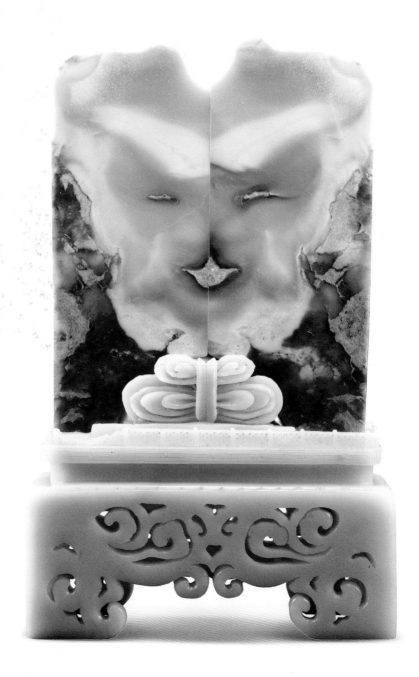

013 狸猫假寐

图案石
巴林石彩石
6×34×4 厘米

◎ 此款石料色彩单调，形体也无出色之处，正所谓「山重水复疑无路，柳暗花明又一村」，能工巧匠灵机一动，成此可爱猫咪，使得其身价大增。宋代罗大经有《猫诗》曰：「陋室偏遭饥鼠欺，狸奴虽小策勋奇。」狸奴是南宋人对猫的爱称，这里以鼠衬托猫愈加生动，当属侧面描写手法。

014 **双凤呈祥**

图案石
巴林石彩石
0.5×12.5×2 厘米

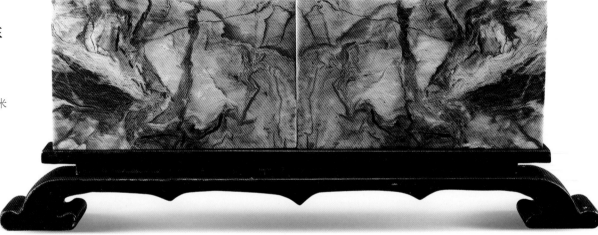

◎ 有时质朴的石料会有出乎人们想象的艺术效果，这对双凤呈祥的对石就是这样从草窝里飞出的凤凰。凤凰和龙一样，虽然是出于臆造之中，但是给人的寄托是美好的。唐诗人李贺在《李凭箜篌引》里说："昆山玉碎凤凰叫，芙蓉泣露香兰笑。"凤凰出现，何等美好。

○此款图案石可谓色彩缤纷，有白、黄、粉红、翠绿各色夹杂出现，巧妙相互渗透，形成天然美丽图画。仔细观看有一对鸳鸯戏水正欢，让人看后心旷神怡。正因如此，此石也是不可多见者，见之也是不浅的缘分。古人历来对鸳鸯情有独钟，先秦佚名诗说道："鸳鸯于飞，毕之罗之。君子万年，福禄宜之。鸳鸯在梁，戢其左翼。君子万年，宜其遐福……"道出大家心声。

015　鸳鸯戏水

图案石
巴林石彩冻石
20×37×22 厘米

016 **雪里青松**

图案石
巴林石水草冻石
51×38×8 厘米

◎ 此款冻石亦是天然花纹，铁和锰结晶呈现，美得让人窒息。白色为底酷似漫天白雪，那水草般的花纹顿时生机勃勃，好一似青松挺拔。开国元勋陈毅元帅的《青松》诗似乎在耳边响起：「大雪压青松，青松挺且直。要知松高洁，待到雪化时。」观此石，读此诗，使人底气十足，精神振奋。

017 **神龟渡河**

图案石
巴林石彩石
75×67×5.5 厘米

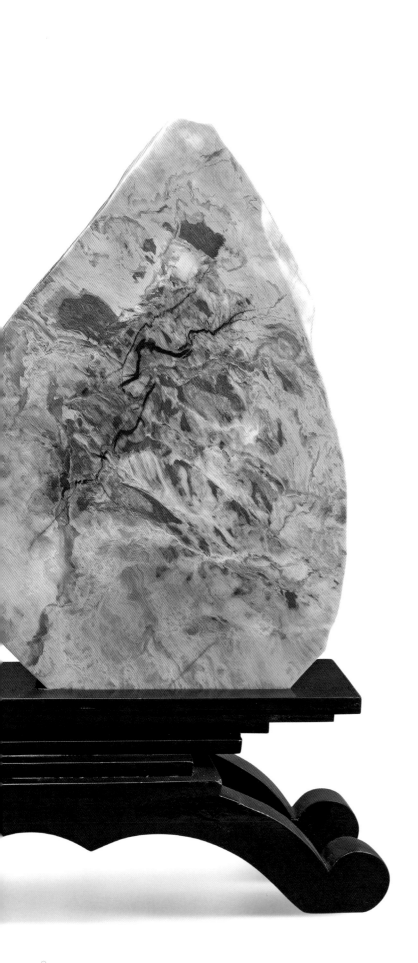

018 雪落玫瑰

图案原石
巴林石彩石
20×14×10 厘米

◎ 玫瑰开时本无雪，天公手段移将来。人间从此多奇色，巴林有幸展奇才。此白玫瑰石料，殊为难得，恐怕难以再现，故曰天公手段。在浪漫世界里白玫瑰被看作不太显眼的颜色，但却代表诚实、高贵、智慧，最为感人的含义则是最为纯洁的爱。所以白玫瑰是不能轻易送人的，因为它又太直白。唐代诗人李建勋的《春词》里有「折得玫瑰花一朵，凭君簪向凤凰钗」，有人推断送的就是白玫瑰。

◎ 随意一款巴林石都给人遐思的余地，这一款褐色与红色相衬托，难分主客。冷眼看去，便觉得像是远处山峰在夕阳映照下，顿时被染得通体红透，魅力顿生。关于夕阳古今之人多有感叹，既赞颂美好，又感叹迟暮。唐代诗人李商隐《登乐游原》里的「夕阳无限好，只是近黄昏」最诱人且感触良多。

远峰夕照

图案原石
巴林石彩石
17×10×10 厘米

◎巴林石中蕴藏着大千世界，只要细心，一切生灵都可以从中找到。这一款剖开之际，即有笑脸露出，喜盈盈地看着陌生的世界。

仔细观看，眉目传情，甚是生动可观。宋代文豪苏轼在《江城子》里对笑脸有这样的描述：「美人微笑转星眸，月华羞。捧金瓯，歌扇萦风，吹散一春愁。」是啊，看此笑脸还有什么烦心事呢？纵然有，也会顷刻间不见了踪影。

020 **美人星眸**

图案原石
巴林石彩石
20×16×11 厘米

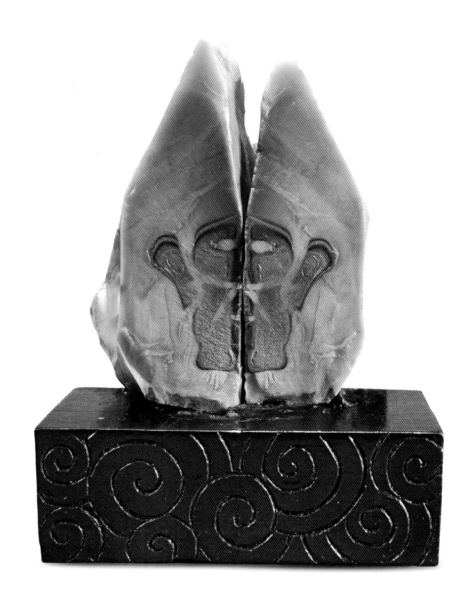

盛情福娃

图案石
巴林石山黄石
12.8×12×16 厘米

知道盛世清平，福娃也来助兴。奥运一显身手，天下谁不钟情？此石之中藏着福娃，也是难得一见。

福娃在奥运时为吉祥物，深受喜爱。奥运虽然过去，但福娃常驻人间。中国历来就有传递祝福的习俗，回看奥运，福娃果然给我们带来好运。有人说五个福娃应对中国五行之说，即金木水火土，有一定可信之处。总之，巴林石里的福娃，给我们温馨和愉悦。

022 **雪色春光**

雕件
巴林石鸡血石
42×25×8 厘米

◎ 世人多咏梅，唯爱言冰雪。寒中显铁骨，更见花高洁。周边白色无疑是寒彻骨的冰雪，中间红润处，即是报春的梅花。人们爱梅花，总是以冰雪相衬托，似乎已成惯例。此间白红的自然渗透，亲切融合，更令人想起毛泽东在《卜算子·咏梅》中那不朽名句：「已是悬崖百丈冰，犹有花枝俏。」

◎远望红霞掩映中，近看无尘春意浓。红白两色，自然亲近，给人无限遐想。精雕细刻，显示展现的不仅仅是高超的技艺，更是石质无言的内涵。面对此景，定然悠闲自得之意油然而生，功名利禄早已抛之九霄云外。对明代杨慎《临江仙》中所说「古今多少事，都付笑谈中」，会更加赞许。

天上人间

雕件
巴林石鸡血石
31×30×5厘米

024 **罗汉神通**

雕件
巴林石福黄冻石
40×41×20 厘米

◎ 十八罗汉是常见题材，大众喜闻乐见。此件精雕细刻，技法精湛不在话下，关键是神韵全出，令人赞叹不绝。巧借山形，和睦相处，犹如书画之作绝妙章法，更添精彩。宋代僧人净端，自号安闲和尚在《渔家傲》中所云「满堂尽是真罗汉」之句，不仅悄然涌上心头。

◎以羊脂冻雕成群鱼，可谓匠心独运，而且列成纵势，大有上天成龙之态势，更令人从心底叫绝。群鱼有齐心合力之意，更见大事用心。细微之处，绝无草草，可见匠心与名石色彩、形状已达高度统一，实为难得一佳作。「迎逆流练心志鱼跃龙门，集跬步成万里马踏征途」，已成为催人向上的楹联。

025 **鱼可成龙**

雕件
巴林石羊脂冻石
52×20×8 厘米

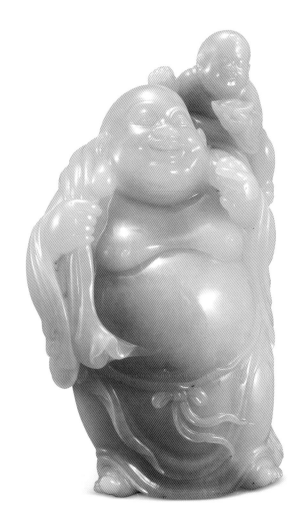

026 无忧弥勒

雕件
巴林石水淡黄石
19×10×7 厘米

◎澄透水淡黄，正好礼佛装。真正的艺术家巧借原始形状，若是屈才无端舍去精华，岂非暴殄天物？此石刻一弥勒已是上乘之作，肩上添一小僧，不但巧妙利用石料，而且更添情趣无限。佛之无忧，小僧之天真，真是压抑不住。记得山东济南千佛寺有联云：「笑到几时方合口，坐来无日不开怀」果是如此这般。

027 **春意盎然**

雕件
巴林石山黄石
38×30×6 厘米

◎春天到来，万物复苏，其实人心也是这样。冬天虽然有雪有酒，但多多少少总有些无奈。春天暖的是人心，老友相约，踏青游春，相谈无拘束，对弈乐其中，真是神仙的日子。画面雕琢细腻，生活气息浓郁，甚是赏心悦目。宋代程颢在诗中有云：「芳原绿野恣行事，春入遥山碧四围」，正与此款石雕暗合。

028　**欢乐元宵**

雕件
巴林石福黄石
66×32×13 厘米

◎利用原石巧做安排，粗者为山，细者表现元宵之乐，真是神来之刀，妙不可言。「月上柳梢头，人约黄昏后」，多么美好令人向往的时刻。宋代文豪欧阳修早在《生查子》里为我们界定。就连身后遭到非议甚多的隋炀帝，面对元宵美景也有了「灯树千光照，花焰七枝开」的佳句。

029　二龙戏珠

雕件
巴林石水晶冻石
11×13×1.5 厘米

◎水晶冻透明光亮是巴林石中的精品，用来表现传统的二龙戏珠，最为妥帖。此题材屡见不鲜，此款则有独到之处，「珠」往往在二龙之间，虽然经典，却是寻常所见。此款「珠」在一侧，顿时生气旺盛，活力毕现。激烈场面又有活泼气息，加之雕琢细腻，鳞片也历历清晰可见，真是精雕细刻。读《庄子》得「千金之珠，必在九重之渊而骊龙颔下」之句，看来戏珠是嬉戏，绝非恶斗。

○芙蓉冻细腻澄透，雕琢书圣王羲之当是明智之举。王羲之爱鹅流传已久，脍炙人口，人物表情自然生动，再现当年情景。那鹅也有灵性，似以眼神作交流，童子天真烂漫，更是深化主题。精湛的刀工，精美的石质，更是平添神韵，此款当是人工天意的完美结合。难怪一首流传甚广出处又不可考的诗说王羲之的书法是「满纸云烟笔下生」，原来他的艺术也来源于生活。

030 **羲之爱鹅**

雕件

巴林石芙蓉冻石

17×12×6 厘米

◎冻石镂空是雕刻艺术中的高难度很大的工艺，非大师不可为之，而且稍有不慎则功亏一篑。此款可谓艺高人胆大，借助石头颜色的变化，把生动活泼的场面表现得淋漓尽致。舞狮是国人喜庆时的娱乐典庆方式，虽有南北之分，都是热情洋溢、乐在其中。成为欢腾、富有生命力的特征。难怪民间历来有「狮子滚绣球，好事在后头」的说法，真是长久流传，喜闻乐见。

031 **狮子绣球**

雕件
巴林石彩冻石
22×16×8 厘米

狼子野心

雕件
巴林石彩冻石
19×6×10 厘米

○ 这是一件现代派风格的作品，主题鲜明，寓意深刻。也许是工匠看到世事艰辛，多有风险，为了提醒人们注意，所以创作了这件作品。一石多色，巧妙利用，狼的凶狠，而具的和善，都在刀锋上体现出来。对狼的本性的揭发，以中山狼的故事最为典型。作品用巴林石告诫人们不要做东郭先生。《红楼梦》里「子系中山狼，得志便猖狂」的说法亦源于此。

033 **天马行空**

雕件

巴林石粉冻石

45×33×10 厘米

◎ 巴林石产于内蒙古，它所表现的题材自然离不开奔腾的骏马。在庆祝香港回归时，巴林曾赠送给香港特区政府这样一件石雕。此款之所以称之为天马，是因为它飞于云端，前程万里，势不可挡。天马有着深刻的寓意，比喻气势豪放，兴旺发达，受到越来越多的人之喜爱。明朝人刘廷振在《萨天锡诗集序》里形容诗歌「其所以神话而超出于众表者，殆犹天马行空而步骤不凡。」

◎黄皮浮雕较为珍贵，完成一件双龙吐珠的作品可谓大师精心杰作。

双龙吐珠和二龙戏珠是同一题材的作品，表现的不是争夺和搏斗，而是一种和谐和喜气。珠在二龙中，龙分上下飞，设计既尊重传统，又有创新精神。难怪唐人闫朝隐说「龙行踏绛气，天半语相闻」，因为只要有龙，就有喜庆，就有信心。

034　双龙吐珠

黄皮浮雕
巴林石福黄冻石
15×8×4 厘米

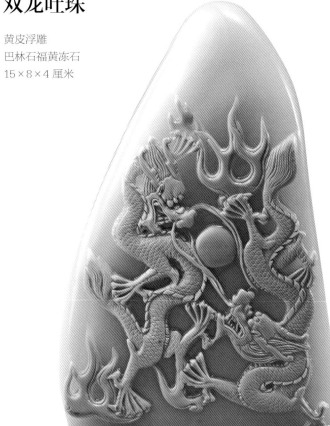

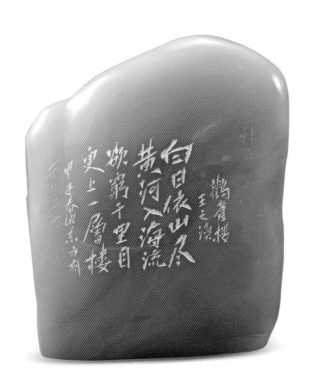

035　**登鹳雀楼**

薄意浮雕

巴林石冻石

12×10×12 厘米

◎ 千百年来，三尺幼童都会背诵唐代诗人王之涣的《登鹳雀楼》，在巴林石上展现诗歌的境界，让我们先有三分喜爱。此款雕刻妙在层次分明，意境深远，让人的思绪于不知不觉中进入诗歌所营造的境界，而且如醉如痴。外皮和内胆的巧妙利用，彼此呼应，掩映生辉，是粗犷和细腻的融合。那千古之绝唱将悄然从心底涌出：「欲穷千里目，更上一层楼。」

036 **龙首龟身**

雕件
巴林石墨玉冻石
11×14×10 厘米

037 **蝶舞恋花**

雕件
巴林石水晶冻石
28×14×7 厘米

◎蝶恋花是词牌名，始于宋，流传颇广。顾名思义，有蝶有花，原本为唐教坊曲名。采用于梁简文帝乐府中「翻阶峡蝶恋花情」，又名《黄金缕》《鹊踏枝》《凤栖梧》《卷珠帘》《一箩金》，都给人以美好寄托。此款石刻冻石为主体，晶莹剔透，可谓巧夺天工，异色石为蝶堪称点睛之笔。观此佳作，足令人心驰神往。

038-039

高洁傲骨

雕件
巴林石彩冻石
28×17×8 厘米
29×17×8 厘米

○ 此款南瓜红花表现的是田园风光，红石作瓜有成熟、丰收之意，黑石为底深沉稳重，有和土地之喻。二者之间更有黄花点缀，情理之中又寓趣味良多。加之雕琢精美，足令人赞叹不已。南瓜和人类相处已久，至今仍为美味菜肴，记得宋贺铸在《捣练子》中所云「过瓜时见雁南归」即说南瓜，瓜熟雁来也是一番美景。

040 **红花南瓜**

雕件
巴林石红花冻石
18×22×16 厘米

雏鸡细语

雕件
巴林石冻石
14×14×12 厘米

○
六
五

◎冻石几分澄明，雕琢雏鸡成形。
此款雕刻饶有生气，把雏鸡的形态
表现的活灵活现，仿佛静下心来，
能听得见它们在说些什么。雏鸡可
能知道势单力薄，喜欢结伴而行，
彼此唧唧细语，不知说西道东。
齐白石大师笔下多有栩栩如生的雏
鸡，可见多么受人钟爱。有一首佚
名的儿童诗《小鸡》写得很是生动
感人：「一群小鸡花丛间，忙于觅
食不得闲。有朝一日能下蛋，能给
人类做美餐。」

---

042 自在观音

雕件
巴林石瓷白石
30×15×8 厘米

◎ 救苦救难大慈大悲的观音菩萨，可谓名扬天下，无人不敬。观音菩萨法相众多，有庄严者，有自在相，可谓千变万化。此款雕刻当为自在相，一派安详，左右童男童女亦活泼可爱，呈现出和谐平安的氛围来。宋僧释契适曾写十首《观音诗》其中有句："祥光射散千门病，甘露倾消万国灾。"

结网有鱼

雕件
巴林石福黄冻石
22×10×8 厘米

◎ 人物雕刻，贵在表现深情，此款渔翁虽然辛苦劳作，但是却面带喜色，只因为有所收获。一网下去，虽然不是满网有鱼，却也有鱼、有蟹，知足常乐，是人们心安理得的常态。细看雕刻渔网，竹篓等一应俱全。好一幅渔家乐气派。此老者比起唐代柳宗元《江雪》笔下那「孤舟蓑笠翁，独钓寒江雪」来说，那是幸运多了。

◎石料单一时，可在大千世界寻找知音，此石雕刻珊瑚可谓天下绝配。此款石雕以简胜繁，表现出质朴之美。最大的成功之处就在于以假乱真，也是巧夺天工之作。清代著名思想家谭嗣同对珊瑚也属情有独钟，他对珊瑚表现出「何以表劳思，东海珊瑚枝」。他要以珊瑚日积月累的精神去奋斗，提醒自己要有耐心、恒心和信心。

044 **珊瑚之光**

雕件

巴林石瓷白石

33×23×13.8 厘米

多福临门

雕件
巴林石鸡血石
26×25.5×15 厘米

◎ 此款鸡血石雕外红内白极富情趣，红者似为山形，白者雕刻出一个充满生气活力的肥猪家庭，一家几代，和睦欢乐，自古猪与人共处，使人顿生喜爱之情。宋代学者苏轼贬官黄州时，深得钟爱。食猪肉自乐，并写有《猪肉颂》。他写道：「净洗锅，少着水，柴头罨烟焰不起。待他自熟莫催他，火候足时他自美。」「早晨起来打两碗，饱得自家君莫管。」有了美味的「东坡肉」，早把贬官的烦恼抛到九霄云外去了。人们把肥猪拱门作为吉庆的征兆，剪纸、泥塑等民间艺术经常以此为题材。

◎读过《西游记》，不忘花果山。此地千般乐，何必到西天？。此款巴林鸡血芙蓉红，生动地再现了吴承恩笔下的花果山。孙悟空正在欢乐无忧中生活，太白金星不请自至，掀开了许许多多精彩故事的序幕。「瑶草奇花不谢，青松翠柏长春。仙桃常结果，修竹每留云。」「百川会处擎天柱，万劫无移大地根」都是其中精彩的描绘。可惜的是孙悟空大闹天宫后，先是在五行山下压了五百年，又随唐僧取经，告别了这梦幻般的境界。他若是看到此石雕，必定会勾起无限的遐思。

046 **花果仙山**

雕件
巴林石鸡血石
36×3×22 厘米

世外桃源

雕件
巴林石鸡血石
25×38×8 厘米

◎ 东晋高士陶渊明的《桃花源记》流传千古，脍炙人口。此款石雕当是巴林鸡血石所成精品，外白内红，合乎情理，真正意义上的与世隔绝。雕刻手法细腻，细微之处亦精到完美，到了令人拍案叫绝的地步。唐代诗人王维读过陶文后，写下七言乐府诗《桃源行》，以另一种方式表达同样的精髓。诗末尾有「春来遍是桃花水，不辨仙源何处寻」之句，堪称完美收官。

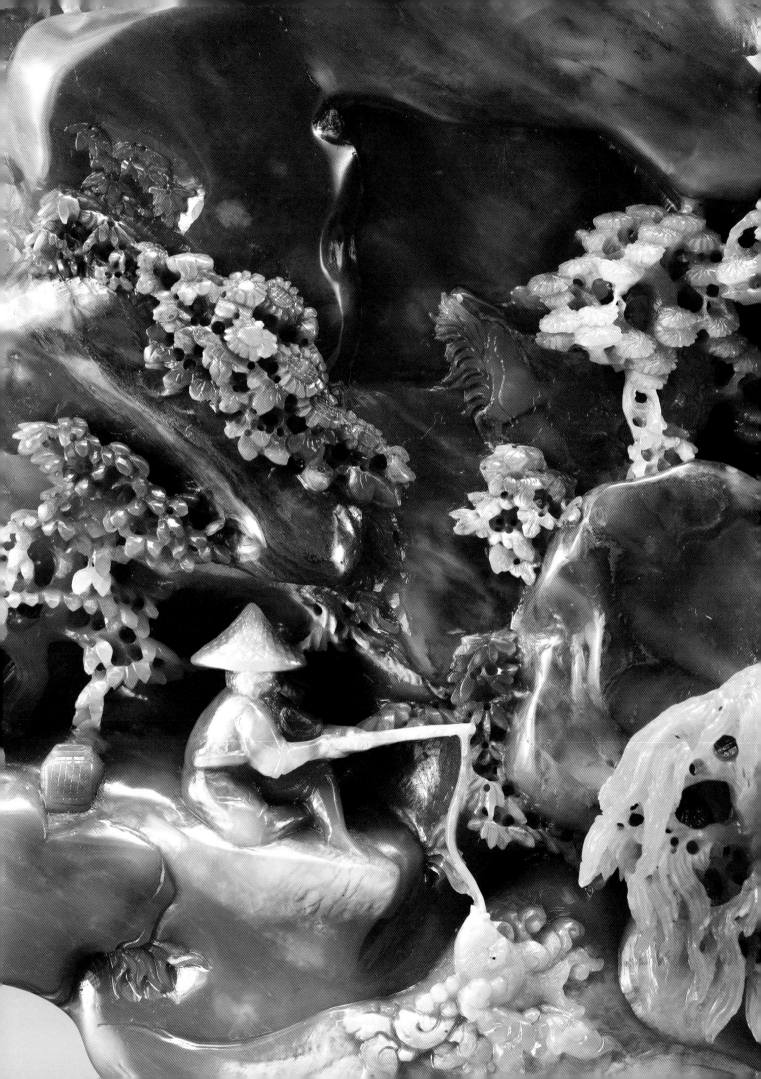

048　岁寒三友

雕件
巴林石鸡血石
39×35×9 厘米

◎ 冬天虽然有赏雪、滑冰等乐趣，但是严寒必定带来诸多困惑，所以能抗严寒者，就理所当然地成为楷模。在自然界里人们发现松树、梅花和竹子不畏严寒，就称之为「岁寒三友」，并把这种属性当作一种不畏强暴的象征。此款石刻保留鸡血精华，以外边冻石为衬，是一件极为精美的作品。宋代文同画松、竹、石，并题诗：「梅寒而秀，竹瘦而寿，石丑而文，是三益友。」异曲同工之妙，自不可言。

◎《列仙传》中有美好传说，男女相悦，女子弄玉吹箫作凤鸣之声，极为动听。几年后，竟真的引来凤凰，与其夫双双乘凤而去。后世则以「吹箫引凤」作为美好婚姻的代称。此款石刻精美异常，内容与形式达到尽可能的完美，使主题升华，且引人入胜。「影摇银烛照乘龙，声送玉箫来引凤」则是后人对此美好传说所发感慨，和对未来的深情憧憬。

049 **吹箫引凤**

雕件
巴林石粉冻石
47×20×6 厘米

白龟上寿

雕件
巴林石牛角冻俏福黄石
18×38×35 厘米

◎龟为古代「四灵」之一，是吉庆的象征，坚韧而且长寿。很多人名字里亦有龟字，以示标榜，像唐代名士陆龟蒙、李龟年。龟多自然吉庆多，所以有此款百龟上寿。巧匠以牛角冻俏福黄为之，构思巧妙。说是一百，细心的人数过，竟是九十九只，不是粗心而是有意，九为极数，历来就有「九九归一」之说。「玄生万物，九九归一」，事物总有客观规律，人人期望更美好的未来。

◎ 此款石刻为桃花冻带鸡血，所刻牡丹盛开
月正圆，象征一切事物都美好。花好月圆已
经成为人们祝福常用语，婚庆时犹喜选用。
我们看到花瓣层次分明，错落有致，几欲乱真。
再加一缕清香，这能引来蝴蝶、蜜蜂。明代
才子唐寅尽管命运坎坷，对生活还是一往情
深，充满真情，在《花月吟效连珠体诗》里
也深情写道：「春宵花月值千金，爱此花香
与月阴。月下花开春寂寂，花羞月色夜沉沉。」

051　**花好月圆**

雕件
巴林石粉芙蓉冻鸡血石
50×47×8 厘米

指日高升

雕件
巴林石红花冻石
14×18×6 厘米

◎ 此款红花冻石雕刻人物风景为一体，又赋予含义深刻的主题，甚是高雅。只见山峰高耸，老少遥望云天，红日映衬下，几只鸿雁展翅高飞，指日高升的主体自然显现。平静之中给人以积极向上的激励，是人们喜闻乐见的形式。高升本是人们一种带有共性的心态，也是祝福之词。像宋代岳珂在《四月二十日被以郡事入奏之命再赋二首》里所云：「豫备正须如雍国，不妨德业颂高升。」

◎以羊脂冻刻观音最为得当，观音菩萨的神圣慈悲体现得极为充分。刻工的细腻传神，令人赞叹不已，可见雕琢之时何等专注虔诚。所不同的是以往观音菩萨多持净瓶内插柳枝，以济苍生。而此尊石像则手持如意，同样给人间带来福音。宋代词人晏殊在《喜迁莺》里说的「人人如意祝炉香」；但是人们总是嫌如意太少，多有「最难如意为情多」的慨叹，此句出自宋代大家黄庭坚的《浣溪沙》。

053　如意观音

雕件
巴林石羊脂冻石
10×14×3 厘米

顶天立地

雕件
巴林石彩冻石
10×5×11 厘米
9×13×5 厘米
6×10×7 厘米

◎ 天地之间乃人类存身之境界，自有盘古开天辟地后，人类便开始创造灿烂文化，营造美好社会。尽管天灾人祸时有发生，但是社会总是朝着文明进步发展。祥和、美好是大家共同的期盼。此组彩冻石组件体现得正是这种精神寄托，且看龙飞凤舞，瑞兽奇花充满天地之间，真是美如仙境一般。顶天立地也成为有作为的代称，宋代释集集在《五灯会元》里就有「汝等诸人，个个顶天立地」之句，对前景充满信心。

056　春游乐事

雕件
巴林石冻石
10×19×3 厘米

◎ 严冬过后，结伴春游，乃人间一大乐事。今人如此，古人这般，从古至今人们对春天的喜爱之情有增无减。此款彩冻巴林所刻与「指日高升」几乎无异，只是由于石料形态所致，更加生动。几株黑色「小树」仿佛是画家精心勾勒的传神之笔，几只鸿雁似乎就要飞将出来，真是栩栩如生。古人对春游多有表述，宋代志南的《古木阴中系短篷》就写得极为生动：「古木阴中系短篷，杖藜扶我过桥东。沾衣欲湿杏花雨，吹面不寒杨柳风。」

◎ 古人联络极为不便，写封书信也不易传递，见一面就更是谈何容易了。故唐代诗人贾岛和叶绍翁都有访友未遇的慨叹，他们虽然抱憾而归，我们却读到上佳诗句。此款福黄冻石所刻的二位老者极为有幸，二人相见，携手登山，畅谈友情，又饱观美景，真是使人美慕。唐代诗人孟浩然和友人相聚后，不仅写下《过故人庄》一诗，尽述激动情怀，还发出「待到重阳日，还来就菊花」的约定。

深山访友

雕件
巴林福黄冻石
17×26×9 厘米

◎ 这一款三彩美蓉冻石雕刻出麒麟送子，可谓深得人心。红、黄、白三色醒目且分明，过渡自然，十分难得。以往麒麟往往是立或踞，而这般如龙戏水者，甚是罕见，可见匠心之巧妙。麒麟是传说中的神兽，但本身又具有龙头、牛角、鹿身、马蹄、鱼鳞、牛尾……给人亲近之感。加之有「送子」的热心，所以颇具人缘。三国时曹操的儿子曹植在《蓣露篇》里就说过「鳞介尊神龙，走兽尊麒麟」；唐代诗人杜甫在《寄韩谏议注》中也有云：「玉京群帝集北斗，或骑骐驎翳凤凰。」麒麟之爱，可谓不薄。

058 **麒麟送子**

雕件
巴林石三彩芙蓉冻石
7×7 厘米

招财进宝

雕件
巴林石鸡血石
15×9 厘米

◎ 此巴林鸡血可谓极品，不可复得者。其红鲜艳灿烂，其形似山峰陡立，又如祥云舟舟而起，整体粗犷随形，细部时时点缀精雕，真是天意人工最佳之组合。得此石者，当有招财进宝之鸿运，人人信服。逢年过节时，家家张贴对联，招财则是不可缺少的，最典型的有「招福纳祥如思默，财入豪庭聚吾座」；还有「招提何清净，财亦不足恋」。均以「招财」藏头，看似心静如水，不动声色，其实心里早已拨动如意算盘。

060 **三友情深**

雕件
巴林石鸡血石
28×11×38 厘米

◎ 岁寒三友是常见题材，人们以松竹梅不惧怕寒冷的属性作为不畏艰险的精神，早已是深入人心。此款石雕利用本身的红色，无疑深化了主题，使得我们脱离开三友的形体，更加体味了它们的精神。同时，也使本来独立的三友融化了一片火红的世界里，几乎成为一体。友间的情谊一下就凸显出来，这是同一题材里的极品，有了超越之感。「疏影横斜水清浅」「直待凌云始道高」「独守孤贞待岁寒」……古人吟咏三友的句子比比皆是。

061 **丝绸之路**

雕件
巴林石福黄石
56×35×25 厘米

062　仙境可寻

雕件
巴林石福黄石
48×36×25 厘米

◎ 此巴林福黄石料饱满敦实，可以表现内容丰富的题材，构思为仙境真是明智之举。我们看到高山耸立，苍松参天，活跃其间的不是哪路神仙，而是血肉之躯，实实在在的人。看到这里不禁想起晋陶渊明的盖世名篇《桃花源记》，仙境就在人间，一靠天然，二靠奋斗，仙境自然可寻。使人想起唐代诗人王维《桃源行》一诗里的描绘来「遥看一处攒云树，近入千家散花竹」，「月明松下房栊静，日出云中鸡犬喧」，果真如此。

◎ 此款石刻色彩丰富，艺术家巧妙地造型取势，依质布局，表现出一个丰富多彩的水底世界来。鱼虾兼备，玲珑别透，巧夺天工，顺其自然。真是一件杰作，艺术家为之付出的心血可想而知。不禁让人想到《西游记》里的龙宫水府，那真是「一水幽通天地处，万宾沉醉画图中」，使人目无暇接。

063 **海底遨游**

雕件
巴林石彩冻石
70×53×14 厘米

064 **外面世界**

雕件
巴林石彩冻石
45×58×15 厘米

◎ 彩冻石为一群鸡图，甚是生动，大鸡、雏鸡各具情态，呼朋引伴，觅食嬉戏，极富情趣。最佳构思为中间一笼，但是笼中空空，鸡均在外边。因为鸡知道外面的世界很精彩，无奈时才回笼中。今年丁酉恰逢鸡年，想起鸡之五德，即文、武、义、勇、信，殊为可贵。还有明代才子唐寅画鸡后的《题画诗》：

「头上红冠不用裁，满身雪白走将来。平生不敢轻言语，一叫千门万户开。」

065 **把酒问天**

雕件
巴林石紫云冻石
75×64×25 厘米

066

鱼跃龙门

雕件
巴林石鸡血石
93×40×45 厘米

◎ 鱼跃龙门为民族文化中常见之说，由来已久。人心思进，以奋斗改变现状是自古以来人们共同的愿望。鲤鱼跃龙门则是一个非常强档和恰当的比喻，多少人为之奋斗不已。本款石刻精致有加，层次分明，意境高远，实属上乘之作。唐代诗人孟郊的《登科后》虽然只字未提鱼和龙门，但阐述的就是这种心情：「昔日龌龊不足夸，今朝放荡思无涯。春风得意马蹄疾，一日看尽长安花。」

067-068 **异香满篮**

雕件
巴林石彩冻石
98×50×30 厘米
95×50×24 厘米

◎ 此款石刻构思巧妙，刻工精湛，巧妙利用原石花色，结合高浮雕、圆雕、镂空等手法，在花篮里展现了一个姹紫嫣红，春光无限的场景。看之又看，意犹未尽，流连再三，赞不绝口。甚至产生疑惑，莫不是八仙中蓝采和的花篮遗落人间？似乎听见他在唱：「踏歌蓝采和，世界能几何？红颜一春树，流年一掷梭。」

069　十八罗汉

雕件
巴林石彩冻石
88×58×23 厘米

◎ 人们对十八罗汉真是太熟悉了，每次到寺院里都能看到他们的身影。在绘画、雕塑中，他们也常常得到艺术家们的垂青。这款彩色冻石十八罗汉雕刻得极为成功，他们不是打坐沉思，而是一个个展示神通，相视微笑，一派和谐友善的氛围。刻工之精湛令人称道，不仅形体生动，而且表情丰富。清顺治帝在《归山》诗里表示要出家无心从政时曾说「五湖四海为上客」「一个个都是真罗汉」。

070 **松梅精神**

雕件
巴林石紫云石
165×60×30 厘米

071 **草原牧歌**

雕件
巴林石冻石
71×70×25 厘米

◎马群、羊群、骆驼群还有牧羊夫，放牧者骑在马上放眼望去，踌躇满志，心旷神怡。别具匠心的艺术师用心血精雕细刻出一派欢乐的草原风光。这个题材对巴林石来说则是一个非常恰当的选题。自古草原多民歌，不过流传最广，足令人动情的还是那首流传千古的《敕勒歌》：

「敕勒川，阴山下，天似穹庐笼盖四野。天苍苍，野茫茫，风吹草低见牛羊。」

◎ 一块紫云石，把几种不同的色彩巧妙地融合在一起，整体山形中雕以株株树木，显得格外生机勃勃。更巧妙的是树荫之中多有亭台楼阁，突出了几分娴静和仙气，真让人有难以抑制的向往。此景岂可无人？所以有潇洒而又悠闲的长者出现，来尽情享受这人间仙境。唐王勃在《滕王阁》诗中曾说「滕王高阁临江渚，佩玉鸣鸾罢歌舞。画栋朝飞南浦云，珠帘暮卷西山雨」，也不过如此了。

亭台楼阁

雕件
巴林石紫云石
128×65×155 厘米

◎一把紫云石所雕成的石壶上，松梅同时现身，然是惹人喜爱。加之紫色天然纹理，更是平添几分端气。和煎香茗品味，观赏已是心醉。古人常以松梅和仙鹤作画，以示祥瑞和长寿。清人沈铨曾画此图，为传世佳作。画面上青松挺立，梅花绽放，让人看了心旷神怡。两只仙鹤悠然自得，更是耐人寻味。画中意境正与此壶相通，那么仙鹤哪里去了？想是「忽乘清风起，飞入紫云中」。

073　**松梅风韵**

雕件

巴林石紫云石

14.5×9.5×8 厘米

074　**梅花映雪**

雕件

巴林石彩冻石

13.5×7.5×5.5 厘米

◎梅花开在严冬，常常与雪相伴，因此梅花和雪也就成被人们联系在一起。以石制壶再刻上梅花，真是梅雪相应，格外动人。宋代卢梅坡的一首《雪梅》诗十分生动地阐述了梅雪的亲密关系，那真是谁也离不开谁。诗中写道：「梅雪争春未肯降，诗人搁笔费评章。梅须逊雪三分白，雪却输梅一段香。」若是品此壶，读此诗，当是一番别有韵味的艺术享受。

075　笑迎春风

雕件
巴林石彩冻石
14×5.5×9.5 厘米

此款石壶另具一番神采，梅花绽放，使人想到梅花不争春色，却迎春光的高风亮节。更兼山花利用石料本色，愈发显出可贵之处。南朝谢燮在《早梅》诗里有这样的描述：「迎春故早发，独自不疑寒。畏落众花后，无人别意看。」可见梅花是性情中花，宁早勿迟。

076 九龙破壁

雕件
巴林石鸡血石
50×33×4 厘米

◎在古代建筑中，照壁寻常可见，照壁画龙、雕龙者也屡见不鲜。此款巴林冻石雕成的照壁，不落俗套，更见新意。首先看到白玉赤龙已是先声夺人，龙之精细也不在话下，最为难得的是龙已破壁而出，匠心可见。这里体现的不是南朝画家张僧繇画龙点睛的典故，而是雕龙腾飞。唐无名氏有诗云：「大壑长千里，深泉固九重。奋鬐云乍起，表智即称龙。」

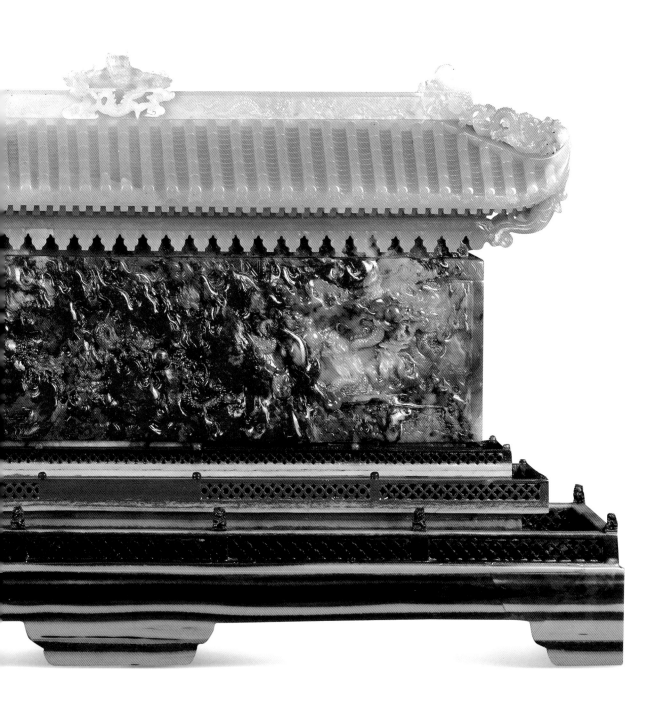

◎ 此款印章纽为雄狮，真可谓威风凛凛，足令百兽震慑。狮为兽中之王，不仅在百兽里地位高贵，人们对其也极为钟爱。古代在豪宅、官府，乃至皇宫内院皆有狮子一对列于门首迎祥纳瑞。有些景致因岩石形状命名为狮子者屡见不鲜，诸如狮子岩、狮子峰，天下不知有几多。徐几的《狮子峰》写得极为传神："举首朝天据洞扉，怪形蹲距类猱猊。山中弹压无豺虎，留得孤猿半夜啼。"

077 威风凛凛

雕钮章
巴林石芙蓉冻石
4×4×12.5 厘米

富贵千古

雕钮章
巴林石福黄冻石
4.6×4.6×16 厘米

◎ 此款福黄冻石章上面精雕细刻，下面平正大方，处理得合理且自然。既显示出石头本身的魅力，又体现出技师非凡的技艺，可谓配合得天衣无缝。顶部的瑞兽，威武中不失富贵大吉气象。可谓庄重富丽。清朝重臣、学者张廷玉曾说过：「富贵一时，名节千古。」然而，石头的生命是永恒的，在这里我们有理由相信，富贵也是可以千古的。

079　欢天喜地

雕钮章
巴林石荔枝红冻石
4.7×4.7×15 厘米

◎此荔枝红冻石雕刻的印章可谓精彩有二，一是色彩，其红不以鲜艳夺目，而以柔和感人，恰似熟透的荔枝，红得诱人几欲垂涎。二是印纽，狮子雕刻的可与天工媲美。狮子虽然威武，但却是喜庆的象征，人们欢度佳节往往舞狮为乐，以增添欢悦的气氛。所谓欢天喜地正是彼时情景。有一副楹联说得很是到位：「义字当先，先交天下宾客；圣狮起舞，舞出一代风流。」圣狮即盛世谐音，说到人们心坎之上。

080 **四龙戏珠**

雕钮章
巴林石彩冻石
5×5×11 厘米

081 二僧有水

浮雕雕钮章
巴林石红芙蓉冻石
3×3×13.7 厘米

◎此款印章以粉冻鸡血制成，体
高成形，为印章中之佼佼者。所雕
景物颇具诗意，仿佛高山之上，定
有奇景。一棵大树参天而立，树下
二僧抬水，努力向上，使人想到过
去一僧挑水，二僧抬水，三僧则无
水之说，在这里则荡然无存。此印
纽体现的是合力，即齐心协力。由
此可以引申到明代刘基的「万夫一
力，天下无敌」。

◎ 此款印章短促饱满，正为印纽提供展示的天地，澄明透彻，平添几分灵动之气。加之雕刻螭龙，更添神秘色彩。螭是一种传说中的神兽，古代图纹中较为多见，是一种典型的瑞兽。过去有很多认为螭是一种典型的瑞兽，实际中并不存在，但人气指数又很高的神兽，后人统称为瑞兽，螭便是其中之一。宋代诗人陆游在《晨起》诗里就有「蟾滴初添水、螭炉旋炷香」之句。

三螭献瑞

雕钮章
巴林石白芙蓉冻石
5.8×4.0×8.6 厘米

083 **太狮少狮**

雕钮章
巴林石紫云冻石
6.5×6.5×16 厘米

◎ 传统的图纹里有大小两只狮子共处者，称之为太狮少狮，与太师、少室谐音，意思是老一辈享尽清福，小一辈前程似锦。此款印章钮上两只狮子生动活泼，还有一个大大的绣球，更预示前程美好。狮子还有一种威和不可侵犯的意思，明代夏言有《狮》诗写得极为真切：「金眸玉爪目悬星，群兽为之尺骇惊。怒慑熊罴威凛凛，雄驱虎豹气英英。」

◎ 这一组芙蓉红印章然是可爱，高低略有不同，非但不是憾事，反而有了新的含义。真似音乐中的几个音调，虽然声音不同，打奏出来确是和谐之音。使人愉悦，使人振奋，让人回味无尽。丝丝红色纹理，分明是随着美妙音乐起舞的精灵。至于是何妙曲，全凭自家度测，但是有一点是定而无疑的，那就是唐代诗人杜甫在《赠花卿》里的定论：「此曲只应天上有，人间哪得几回闻？」

音韵谐声

平头章
巴林石鸡血石芙蓉红
3×3×13 ~ 15 厘米

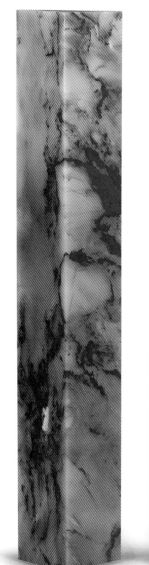
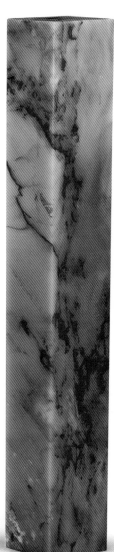

085 红霞云海

平头章
巴林石鸡血石芙蓉红
3×3×22 厘米

◎看此巴林鸡血对章，令人心驰神往，那红色分明就是带有灵性的彩云，无忧无虑地在天上翔翔。而它并不寂寞，因为还有白云相伴。或歌或舞，一派悠闲，真让人不禁有几分嫉妒之情。把玩石章却让人想起唐代诗人马戴的《宿王屋天坛》，那里边的描绘，不正是这般。诗人说：「星斗般沉翠绿色，红霞远照海涛分。」我们有理由相信，就是诗人描绘的境界一下子凝固了，化作此款巴林石。不然，哪有这般玄妙？

◎ 如果说「红霞云海」体现的是天上仙境，那么这一对水草冻石章表现的则是另一番世界，「水草」又成了主宰。浓淡变化的色彩，简直就是宋代画坛巨匠马远的杰作。云雾中的树木随着清风摇曳，放眼望去，云遮雾障，一派朦胧。我们似乎听到有微弱的銮铃之声震荡着耳膜，渐行渐远的人，是商，是旅，还是征人只能凭自己去猜测了。古人评论绘画「实处易，虚处难」。看看此石章，想想马远，或许会有些体会。

水草情怀

平头章
巴林石水草冻石
2.5×2.5×9 ~ 11 厘米

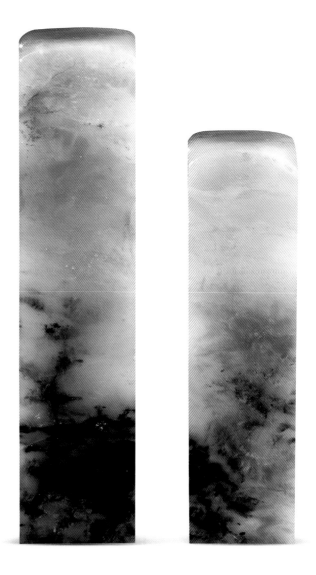

087　赤龙腾飞

对章
巴林石水草鸡血石
3.5×3.5×14.3 厘米

◎此章黑红白三色巧妙交融，极富动感，谁看了也会得出同一命题：那是一条赤龙于云海里自由翻腾，展现身姿。的确，龙的存在真真切切，活灵活现。记得宋代文豪苏轼的《表忠观碑》里所说：「天目之山，苕水出焉。龙飞凤舞，萃于临安。」用于此对章极为合适，惜不知凤在何处。也许须臾飞来，上演最瑰丽的一幕。

晴空金龙

平头章
巴林石水草鸡血石
3.5×3.5×13.6 厘米

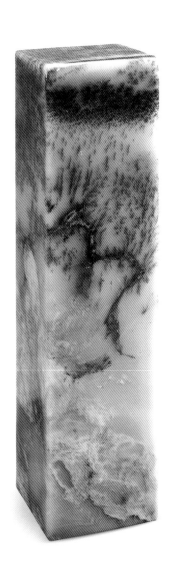

089　镶金嵌玉

平头章
巴林石金银冻石
2.4×2.5×13.1 厘米

◎ 此款印章黄白相间，一似镶金嵌玉，甚是可观，让人爱不释手。金和玉本是人间贵重之物，二者结合岂不更是珍贵？在《左传》里就有「无藏金玉，无重器备」的记叙；唐代韦应物在《郡斋雨中与诸文士燕集》中亦有「俯饮一杯酒，仰聆金玉章」的叙述，可见人们对金玉何等珍爱？此章融金玉一体，足可谓珍贵有加。

赤壁当年

斜头微雕章
巴林石鸡血石
1.8×1.8×9.3 厘米

◎赤壁之战千古留名，火烧战船，照亮天宇。此款印章巧妙利用天然颜色，看上去真似一缕袅袅的余烟，向人们述说着那激动人心的场面。面对此章，遐想当年，心潮为之起伏不已。更为可贵的是大师朱青云在上镌刻苏轼全篇《前赤壁赋》，每个字不足一毫米，流畅自如，堪称杰作。元代戏剧大师关汉卿在《单刀会》里借关公之口唱道：「大江东去浪千叠」，「二十年流不尽英雄血……」

091 古原黄昏

平头章
巴林石鸡血石金银红
3×3×14 ～ 16 厘米

◎ 这是一组金银红三色融合的印章，使得我们眼前为之一亮，出现了唐代诗人李商隐在《登乐游原》时的所见：一天傍晚，驱车来到古老的荒原，看到夕阳映照下的迟暮之感。我们和他不一样，没有颓废，却是振奋。巴林极品就是这样，让人没有「夕阳无限好，只是近黄昏」的慨叹，却是「欲穷千里目，更上一城楼」的志向。

092

长袖春风

印章
巴林石鸡血石白玉红石
8.5×8.5×28 厘米

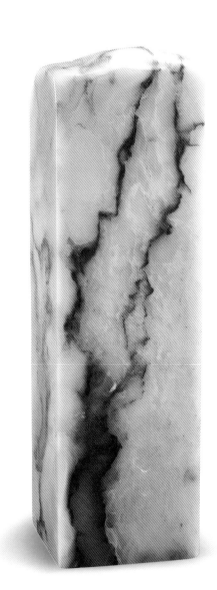

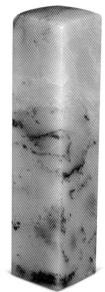

093 雪里看梅

平头章
巴林石鸡血石白玉红
3×3×13 厘米

094 丹凤凌空

平头章
巴林石鸡血石芙蓉红
3×3×13 厘米

◎此款巴林芙蓉石，不但红色鲜艳，其纹理生动异常，分明一只火红的凤凰，凌空而飞。使人观之，不仅热血沸腾，思绪万千。纵使高明的画师，也须在灵感来时方能有此杰作，正所谓神来之笔。我们读唐人李峤的《风》，就会更加喜欢这方石章。诗曰：「有鸟居丹穴，其名曰凤凰。九苞应灵瑞，五色成文章。屡向秦楼侧，频过洛水阳。鸣岐今日见，阿阁仞来翔。」李峤本是凭空想象，可我们却目睹过此石章的风采。

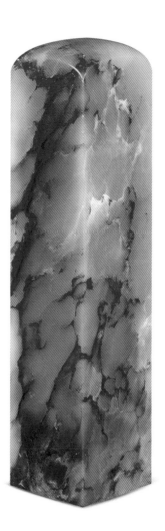

魏紫姚黄

平头章
巴林石鸡血石金银红
3×3×13 厘米

◎ 巴林鸡血看得多了，红的层次也渐渐多了起来，现象也日渐丰富。此款石章看后，竟和盛开的牡丹联想到一起，魏紫姚黄的称谓自然跳跃出来。黄者深沉，红者活跃，竟如此和谐地结合在一起，简直令人惊叹不已。记得宋代学者欧阳修《绿竹堂独饮》有诗云：「姚黄魏紫开次第，不觉成恨俱凋零。」他老人家看到盛开的牡丹，想到的是凋零，因而感叹自己的身世。我们则无此遗憾，因为巴林石的魏紫姚黄是不败的奇葩，永远盛开。

096 **桃园结义**

平头章
巴林石鸡血石
3×3×14～15厘米

◎《三国演义》里刘备、关羽、张飞，情投意合，在涿州桃园结拜兄弟，成为千古美谈。这组巴林鸡血石因有白红黑三色，就得到「刘关张」的称号，也是缘分所致。当然，这三种颜色融合在一起难以分开，正是象征着那不求同年同月生，但求同年同月死的铮铮誓言。《三国演义》里千里走单骑、喝断当阳桥的系列故事，皆源于桃园结义。有此典故，此石也就身价大增。

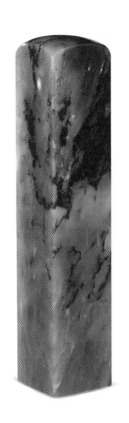

097

丹凤朝阳

平头章
巴林石鸡血石芙蓉红
3×3×15 厘米

098

金桔飘香

平头章
巴林石鸡血石金桔红
3×3×12 厘米

099　**神女化身**

原石
巴林鸡血石女儿红石
14.7×8.7×6.5 厘米

原石
巴林石鸡血石
11.2×16.9×6.1 厘米

◎ 巴林女儿红，红润得简直是神女化身，披着清雾来到人间。看到人间美景兴奋得红晕飞上脸颊。美得无人加工，只保持原石本色。古人形容美女的「沉鱼落雁，闭月羞花」亦不过如此。难怪唐代诗人白居易在《长恨歌》里说：「回眸一笑百媚生，六宫粉黛无颜色。」美人出众如此，美石出色，这般信也！

终保一片原来色，九叠云锦落宝寰。

这一款鸡血石然是好看，稍加雕琢便是暴殄天物，保持原态是最佳方式。真似天空中重重叠叠的红霞，让人看得眼花缭乱。唐代诗人李白在《庐山谣寄卢侍御虚舟》诗里说：「庐山秀出南斗傍，屏风九叠云锦张。」用在此款石料上，真是再合适不过了。

九叠云锦

100

原石
巴林石鸡血石
21.4×16.7×11.6 厘米

◎ 宋代文豪苏轼在《芙蓉城》一诗里有这样的描绘：「珠帘玉翡翠屏，云舒霞卷千婷婷。」描写天空云霞可谓到了极致，但东坡老他年若见此款原石，必然忘掉云彩，而对此石大发感慨。此石中天然花纹，真像是朵朵云霞，而且不停翻卷，动感十足。区区一块原石，不期竟有这么魅力。

101　云舒霞卷

原石
巴林石鸡血石
16.5×4.1×6.1 厘米

黄河浪起

原石
巴林石山黄石
13.4×7.6×4.5 厘米

◎ 这一款原石黄的可爱，颜色深浅变化自然，而且纹理分明，恰一似黄河波浪起伏，奏起一支动听且雄壮的乐曲，引人入胜。古今人士描写黄河的诗句甚多，当以唐代李白在《将进酒》里写得最有气魄，耐人寻味，那便是「黄河之水天上来，奔流到海不复回」。此石静中欲动，大有波涛汹涌之势。

103 **黄云万里**

原石
巴林石蜜蜡黄石
9.2×3×2.5 厘米

◎ 色入蜂蜜黄晶透，泽浸石蜡亮润生。这一款巴林黄色原石竟是这般奇巧，似蜂蜜浸透，如石蜡抛光，黄得令人难以捉摸。不禁想起暮色中的祥云，机缘凑巧就是这般景象。唐代诗人李白在《庐山谣寄卢侍御虚舟》里就有着的描写：「黄云万里动风色，白波九道流雪山。」所不同的是，流动的黄云完全覆盖了雪山。

104　**两情久长**

原石

巴林石金银冻石

7.4×3.8×7.4 厘米

105 行云流水

原石
巴林石云水冻石
17.9×11.6×3.9 厘米

◎ 石名云水冻，果然如其名。上有云飞舞，下闻流水声。这一款石料天然颜色，天然花纹，实实得到纯天然也。流水行云，活灵活现，真是天工之杰作。这种奇特巧合的自然现象，也被引申为赞颂一个人的才思敏捷。宋代洪容斋在《朝中措》一词里说：「流水行云才思，光风霁月精神。」什么人能得此佳石，或是获此赞誉，真是三生有幸之事啊。

◎此款原石色如玫瑰，冷艳沉着，似有静态欲睡之意。然暗里花纹变化色彩分出层次，又似火焰冲天而起，动感顿时而生。

故此石名之为玫瑰火焰。在古希腊神话中，玫瑰集爱与美于一身，既是美神化身，又融进爱情血液。这一说法用来形容此石真是恰到好处，仿佛量身定制。中国诗人历来也把红与火结合在一起，唐代白居易在《忆江南》里有「日出江花红胜火」句，可为经典。

106 玫瑰火焰

原石
巴林石玫瑰冻石
11.3×6.1×3.8 厘米

107　清气乾坤

原石
巴林石彩石墨玉石
8.4×14.7×7.3 厘米

◎ 在诸多颜色中，红、黄、蓝、绿占尽风流，而黑色天然质朴，亦有动人之处。此款墨玉巴林，也称之为宝。光亮纯正，有一种天然正气。看到此石，不知怎么想起元代画家王冕的《题墨梅诗》来：「我家洗砚池头树，个个花开淡墨痕。不要人夸颜色好，只留清气满乾坤。」王冕出身贫寒，刻苦成才，青史留名，他高贵的人品，一直得后世称道。此石与王冕情操品格吻合，亦是缘分不浅。

白玉无瑕

原石
巴林石彩石瓷白石
24.4×21.1×6.7 厘米

巴
林
石

异
彩

Balin Stone

后记

后记

　　我居于巴林，喜欢巴林石，于是工作之余，着手收集。不想日积月累，渐渐多了起来。由于心血所致，所藏巴林石不仅数量多，而且品种齐全，用朋友的话说是成了气候。天下宝物理应天下人共享，怎能一人独占独享？于是，我便开设博物馆，展示所藏，诚聘各界朋友前来观赏并分享欢乐。

　　承蒙文物出版社各位好友鼎力相助，印成此图录，尤为感谢全国政协常委、中国书法家协会主席苏士澍先生百忙中拨冗题写书名，并撰写序言，为图录增添光彩，实实感激不尽。

　　我对巴林石，对内蒙古，对民族文化都有着很深的感情。身逢盛世，当有所作为，方不愧天地、父母和生我养我的祖国。此图录名为《巴林异彩》，说心里话，如果真的能在自治区成立庆典时，为这一盛大节日增添一点欢乐，为民族文化增添一点光彩，那我也就不虚度此生了。

谨以小诗一首呈上，以表达一下无比激动之情：

　　巴林神石世称雄，异彩华光各不同。

　　鸡血奇珍常在手，当交鸿运乐无穷。

陈志军

2017 年 4 月 6 日于内蒙古巴林